Michael Dienst

Zur numerischen Analyse einer Laborfinne

Mittelschnittverfahren und Manövrierleistung

GRIN Verlag

Zur numerischen Analyse einer Laborfinne
Mittelschnittverfahren und Manövrierleistung

Mi. Dienst, Berlin im Januar 2017

Simulationssoftware nimmt in den naturwissenschaftlichen und ingenieur-wissenschaftlichen Berufsfeldern einen zunehmend größeren Anteil ein: organisatorisch, zeitlich und hinsichtlich der Kosten. In klassischen maschinen-baubetonten Produktentwicklungs- Methodiken, wie etwa der VDI-R 2221, werden bereits in der frühen Phase Wirkprinzipien und Funktionsmodelle nachgefragt; sie geben erste Auskünfte über Form und Art, Abmessungen, Anordnung und Anzahl der Gestaltungselemente eines frühen Entwurfs und bilden die Entscheidungsgrundlagen für die weitere Entwicklung. An Bedeutung gewinnen gegenständliche Modelle, die mit Rapid Prototyping-Verfahren (RP) direkt aus den CAD-Datenbeständen generiert werden können. Experimen-tieren mit gegenständlichen Modellen umfasst das ganze Spektrum sehr einfacher Tests bis hin zu aufwändigen Erprobungen mit Prototypen und Vorläuferprodukten. Beanspruchungsmodelle dienen der Klärung des Bauteilverhaltens bei äußerer Beanspruchung (statisch, dynamisch, Schwingung, isolierte Kräfte), Verformungs- und Funktionsmodelle zur Analyse des Bauteilverhaltens hinsichtlich Kinematik, Dynamik, thermischen, elektrischen und chemischen Verhaltens. Ergonomiemodelle und Anmutungen dienen zur Erprobung der Handhabung, Montage, Bedienung und von Nutzungsszenarien im Anwendungsfeld sowie zur Vermittlung eines realistischen Eindrucks über die visuellen Eigenschaften des späteren Produkts, auch dessen Haptik.

Das Analyseprogramm LABFin liefert ein nurisches Modell einer standardisierten Surfboardfinnen und wird als Bibliothek in ein lauffähiges Hauptprogramm eingebunden. Dies kann eine Entwicklungsumgebung sein oder eine auf die besonderen Analysebelange zugeschnittenes Steuerprogramm.

```
function test=LABFin_Test;   // Test = ansteuernde Routine
    global DONE BUSY PROCESS
    test = BUSY;
    vv= 5.0;                 // ... im Prg. Setzen!
    RE= 1000000;             // ... im Prg. setzen!
    inLt = 58.9;             // Fluegel-Profiltiefe (BASE)
    inLd = 9;                // Fluegel-Profildicke (BASE)
    inLa = 120;              // FluegelLaenge (BASE 2 TIP)
    inLb = 60;               // Fluegel-Profiltiefe (TIP)
    //Path: get  Matrix der PolarenAnalyse
    path= 'F:\Desktop\MID\MID0_Workbench\LABFinDATA\PROFIL_NACA8306.txt';
    LABFin(inLt,inLd,inLa,inLb,path);
 test= DONE;
endfunction
```

Das Programm LABFin ermittelt die Manövrierleistung der standardisierten Laborfinne LABFin nach dem Mittelschnittverfahren für Tragflügelanalysen. LABfin ist ein sehr einfaches Programm und sollte in der laufenden Kampagne nur den Taschenrechner als Fehlerquelle ersetzen. In der derzeitigen Version (1.1-2016) ist LABFin auf verfügbare Datensätze der zu betrachtenden Tragflügelprofile angewiesen. Es kann sich dabei um Messdaten[1] über reale Tragflügelprofile handeln, Berechnungsergebnissen aus hochauflösenden CFD-Analysen, oder wie in unserem Fall, um Berechnungsergebnisse einer Potentialtheoretischen Untersuchung. Die Geometrie der Laborfinne ist sehr einfach, der Tragflügel ist ein Trapez mit einer rechtwinkligen Seite. Deshalb habe ich für einen ersten Hub auf die Anwendung des feinauflösenden Traglinienverfahrens[2] das einen gewissen Deklarationsaufwand erfordert, verzichtet und ein so genanntes Mittelschnittverfahren programmiert. Für homologe Profilverteilungen liefert das Mittelschnittverfahren die gleichen Berechnungsergebnisse wie ein über die Kontur differenziertes Traglinien-verfahren.

Niedrigschwelligen Betrachtungen umströmter Körper können mit dem Ansatz der reibungsfreien und rotorfreien Potentialströmung erfolgen. In der Potentialtheorie werden, unter Berücksichtigung spezieller Randbedingungen, Potentialgleichungen aufgestellt und gelöst. Wir betrachten in diesem Aufsatz nur ebene Strömungsfelder. Wegen der Linearität der Gleichungen gilt für Potentialströmungen das Superpositionsprinzip, das die Darstellung und Berechnung komplexer Lösungen aus der Überlagerung von einfachen Strömungen für die Elementarlösungen erlaubt. Für Potentialströmungen ist die Zirkulation immer dann Null, wenn keine Festkörper oder Singularitäten eingeschlossen werden. Mit der Zirkulation lassen sich Wirbelstärke und

---

[1] Siehe auch: The Airfoil Investigation Database, http://www.worldofkrauss.com/foils/578
UIUC Airfoil Coordinates Database, http://www.ae.illinois.edu/m-selig/ads/coord_database.html
[2] Dienst, Mi. (2016) Fast Fluid Computation, FFC, München, GRIN Verlag, http://www.grin.com/de/e-book/322622/fast-fluid-computation-ffc

Auftriebskräfte berechnen. Als Potential werden hierbei Skalarfunktionen verstanden, deren partielle Ableitung eine Größe mit physikalischer Bedeutung angibt. Ist eine Strömung wirbelfrei, so folgen aus dem Gradienten der Feldfunktion die Geschwindigkeitskomponenten der Strömung. Bei wirbelfreien Strömungen sind die Vektorkomponenten nicht mehr unabhängig voneinander sondern über das Potential verbunden. Nach dem Satz von Kutta-Joukowsky kann die auftriebsbehaftete Umströmung eines Profils als Kombination aus Parallel- und Zirkulationsströmung betrachtet werden, wenn die (Kutta`sche) Abfluss-bedingung erfüllt ist. Diese fordert ein glattes Abströmen des Fluids an der Hinterkante.

Das nachfolgende Programm evaluiert einen entsprechenden Datensatz, der in unserem Fall aus einer Potentialanalyse stammt:

```
function [aStall, lStall, wStall]=evalPolarDATA(getpath_PROFILDATA);
// evaluiert ein benanntes Datenfile: POLAR
    global DONE BUSY PROCESS
    test = BUSY;
    anadim = 100;
//getpath_PROFILDATA=F:\Desktop\MID\MID0_Workbench\LABFinDATA\PROFIL_NACA0009.txt';
Matrix der PolarenAnalyse
    [PolarMat,tex]=fscanfMat(getpath_PROFILDATA);   mclose(getpath_PROFILDATA);
// öffnet, liest eine "bunte Matrix" und schließt
// disp(PolarMat);      // .... mal sehen..
    for j=1:anadim       // Matrix der PolarenAnalyse auswerten (nur Relevante)
        alfa(j)  = PolarMat(j,1);   //  [°] Anstellwinkel
        cLift(j) = PolarMat(j,2);   //  [-] AuftriebsKoeffizient
        cDrag(j) = PolarMat(j,3);   //  [-] WiderstandsKoeffizient
        cM25(j)  = PolarMat(j,4);   //  [-] Momenten25Koeffizient
        TUpp(j)  = PolarMat(j,5);   //  [%] TransitionPoint Upper Contour
        TLow(j)  = PolarMat(j,6);   //  [%] TransitionPoint Lower Contour
        SUpp(j)  = PolarMat(j,7);   //  [%] SeparationPoint Upper Contour
        SLow(j)  = PolarMat(j,8);   //  [%] SeparationPoint Lower Contour
    end;
        CLmaxIndex = maxLiftIndex(anadim,cLift);
disp(CLmaxIndex,"=Index des max Auftriebs:");   // BasisRoutinen siehe ca Zeile 650
alfaOfCLmax= alfa(CLmaxIndex);
disp(alfaOfCLmax,"=Alfa des max Auftriebs:");
Liftmax=cLift(CLmaxIndex);
disp(Liftmax,"maxLift: ... der max. Auftrieb");
DragOfLiftmax=cDrag(CLmaxIndex);
disp(DragOfLiftmax,"Drag dort:");
        aStall = alfaOfCLmax;
        lStall = Liftmax;
        wStall = DragOfLiftmax;
 test= DONE;
endfunction;
```

Die Standardfinne LABFin

Die Standardisierung betrifft eine vollparametrisierte Laborfinne **„LAB-Fin"**, deren Gestalt mit geringen deklaratorischen Mitteln beschreiben werden kann. Die Laborfinne dient in der laufenden Forschungskampagne als Technik- und Technologiedemonstrator. Der Standardisierung liegt die Idee einer fludmechanisch wirksamen Leit- und Steuertragfläche für kleine Seefahrzeuge zu Grunde, die durch einfache geometrische Elemente beschrieben und

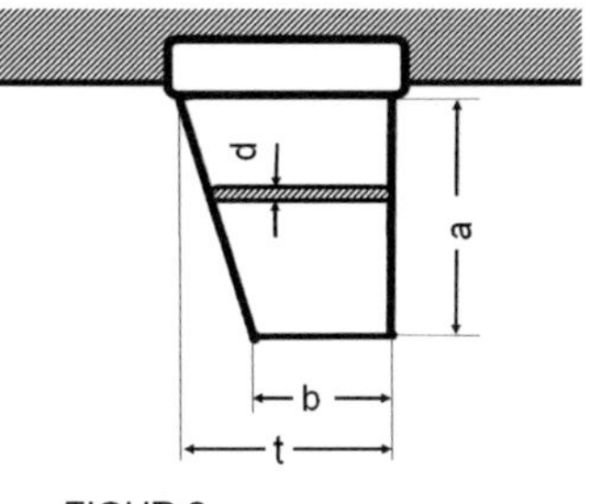

FIGUR 2

durch lediglich vier Parameter eindeutig definiert ist. Die Surfboardfinne kann skaliert und mit unterschiedlichen Profilkonturen ausgestattet werden. Für die Beschreibung von Konturen nach dem Stand der Technik wird auf Datenbanken oder Profiltabellen zurückgegriffen (siehe hierzu auch: Abbot und Doenhoff[3], Eppler[4] und Gorrell[5]). Die Laborfinne LAB-Fin ist ein standardisierter Messkörper, der durch lediglich vier Parameter [P0] [P1] [P2] [P3] eindeutig definiert wird. Der Parameter P0 ist die Profiltiefe an der Flügelwurzel t [mm], der Parameter P1 ist die spezifische Profildicke d/t [%]. Der Parameter P2 ist die spezifische Profiltiefe am Tragflügelende (Flügel-Tip) b/t [%], der Parameter P3 ist die spezifische Tragflügellänge a/t [%] der Finne. Die Profilkontur und weitere Features der Finne, die das Strömungsteil spezifizieren können der Spezifikation nachgestellt werden, wie folgt:

LABFin[t,mm],[d/t,%],[a/t,%],[b/t,%],[Profil],[Feature **1**],..,[Feature **n**]

Die Glattheit der Tragflügeloberfläche und die Tragflügelprofilkontur sollen in einer Grundkonfiguration als gegeben und gesetzt gelten, so dass sich die Spezifikation vereinfacht zu: **LABFin [P0] [P1] [P2] [P3].**

LABFin ist einer systematischen messtechnischen und/oder simulationstechnischen Analyse und Vergleichbarkeit zugänglich. Die Analyse der mechanische Beanspruchung von Bauteilen und Baugruppen erfolgt mit klassischen Methoden der technischen Mechanik, wie etwa der Elastischen Theorie oder mit zeitgemäßen finiten Verfahren (Finite Element Methode, FEM). Die Strömungswirklichkeit wird nach der Potentialtheorie grob ermittelt, oder mit Finite Volumen Verfahren realitätsnah analysiert (Computational Fluid

---

[3] [Abbo-59]   Ira H. Abbott, Albert E. von Doenhoff: Theory of Wing Sections: Including a Summary of Airfoil Data. Dover Publications, New York 1959

[4] [Eppl-90]   Richard Eppler: Airfoil Design and Data. Springer, Berlin, New York 1990

[5] [Gorr-17]   Edgar Gorrell, S. Martin: Aerofoils and Aerofoil Structural Combinations. In: NACA Technical Report. Nr. 18, 1917.

Dynamics, CFD). Die standardisierte Finne ist außerdem einer Analyse der Fluid-Struktur- Wechselwirkung (Fluid Structure Interaction, FSI) zugänglich.

Eingabeparameter	absolute	Abmessung	Parameter
Profiltiefe an der Flügelwurzel	t	[m]	P0
Profildicke	d	[m]	
Profiltiefe am Tragflügel-Tip	b	[m]	
Tragflügellänge	a	[m]	

Geometriebeschreibung (relativ)	spezifische	Abmessung	Parameter
Spezifische Profildicke	d/t	[%]	P1
Spezifische Profiltiefe (Flügel-Tip)	b/t	[%]	P2
Spezifische Tragflügellänge	a/t	[%]	P3

Aus der Definition der Laborfinnengeometrie ergibt sich ein Schlankheitsgrad λ (Aspect Ratio) des Tragflügels und den bugwärtigen Pfeilungswinkel β

$$\lambda \quad = \quad 2 \cdot a / (t+b) \qquad [-]$$
$$\beta \quad = \quad \arctan((t-b)/a) \qquad [°]$$

Der Formwiderstand indizierter Widerstand und der Lift einer Tragfläche sind über die Lateralfläche des Tragflügels determiniert, der Reibungswiderstand mit der benetzten Tragflügelfläche und der Druckwiderstand über die (in Fahrtrichtung) projezierte Tragflügelfläche:

laterale Tragflügelfläche	A	=	$(a \cdot t) - (a2 \tan \beta)/2$	$[m^2]$
benetzte Tragflügelfläche	A_b	=	$(2 \cdot a \cdot t) - (a2 \tan \beta)$	$[m^2]$
projezierte Anströmfläche	AS	=	$d \cdot a$	$[m^2]$

Für das Mittelschnittverfahren ist der Druckmittelpunkt $PS(x_S,y_S)$, aller angreifenden Kräfte von Bedeutung. Der Lagrange Koordinatenursprung mit (KoordinatenNull: x0=t0 , y0=a0) soll am bugwärtigen Fuß (Flügelwurzel) der Surfboardtragfläche gedacht, liegen.

Druckmittelpunkt $PS(x_S,y_S)$:	x_S	$= (2t2 - 2bt -b2)/3(t+b)$	[m]
	y_S	$= a(t + 2b)/ 3(t+b)$	[m]
Profilkontur (exemplarisch)	NACA 0006	Standardprofil	
alsoFeature (exemplarisch)	glatt	Oberfläche	
alsoFeature (exemplarisch)	*FUTURES*	Hersteller- PLUG	

Finnenterminal (exemplarisch, Hersteller: *FUTURES*)

PLUG- Länge	L= 115	[mm]
PLUG-Tiefe	T=18	[mm]
PLUG-Dicke	D = 7	[mm]

```matlab
function test=LABFin(Lt, Ld, La, Lb, AnalyseGETpath);
//##############################################################################################
//######      StroemungsLeistungen an der Standardfinne  LABFin      ########      LABFin V.1.2 16.12.2016   #############
//##############################################################################################
global DONE BUSY PROCESS
// generalisierte Parameter
  getpath_ANYDATA= 'F:\Desktop\MID\MID0_Workbench\LABFinDATA\LABFin_any.txt';        // Path: put DATA
  putpath_FINDATA= 'F:\Desktop\MID\MID0_Workbench\LABFinDATA\LABFin_000.txt';        // Path: put DATA
  getpath_PROFILDATA= 'F:\Desktop\MID\MID0_Workbench\LABFinDATA\PROFIL_NACA0006.txt';   //Path: get  Matrix der
  pi = 3.141593;
// Globale Stoffwerte
  dens  = 998;                                                // [kg/m3] Dichte v. Wasser in
  kinv  = 0.0000001012;                               // [m2/s] kinematische Viskosität v. Wasser in
  asos  = 1000.0;                                          // [m/s] Speed of Sound v. Wasser
  Vuend = 1.0                                               // [m/s] UmgebungsGeschwindigkeit Vunendlich
  RE    = 1000000;                                     // [-] "bevorzugte" Re-Zahl
  L0    = 0.1;                                                // [m] Standard. relevante Laenge  (0.1m ..0.3m)
  Ps0   = 0.0;
  vv    = 5.0;                                                 // [m s-1]Start-Geschwindigkeit
// Deklaration StandardFinne
  profil  = 'NACA0006';                               // [Str]Standard-Startprofil: NACA 4 digit-series
  t    = Lt/1000;                      FIN(1)  = t;                        // [m]  Standard-Profil-Konturtiefe Wurzel
  a    = t*La/100;                  FIN(2)  = a;        // [-] scal. Tragflügellänge
  b    = t*Lb/100;                 FIN(3)  = b;        // [-] scal. Standard-Profil-Konturtiefe Tip
  d    = t*Ld/100;                 FIN(4)  = d;        // [m] setting d(spezNACA0006) ........
// Evaluation
  [aStall,lStall,wStall] = evalPolarDATA(AnalyseGETpath);        // evaluiert ein benanntes Datenfile: POLAR
  CL = lStall;                         FIN(5) = CL;                        // CL Finne NACA-Analyse
  CW = wStall;                       FIN(6) = CW;                      // CW Finne NACA-Analyse
  aS = aStall;                        FIN(7) = aS;                       // alfaStall NACA-Analyse
                                           FIN(8) = vv;
                                           FIN(9) = RE;

// Ableitungen LABFin
  beta_b   = atan((t-b)/a);                   FIN(10) = beta_b;               // [rad]  Pfeilungswinkel Tragflügel (bugseitig)
  beta_b_Grd = beta_b*180/pi;             FIN(10) = beta_b_Grd;        // [°]
  AspR     = (2*a)/(t+b);                        FIN(11) = AspR;                 // [-] Schlankheitsgrad Tragflügel (Aspect Ratio)
  A_LAT   = (a*t)-(a*a*tan(beta_b))/2;    FIN(12) = A_LAT;               // [m2] Tragflügelflaeche lateral (radial)
  A_BEN  = (2*a*t)-(a*a*tan(beta_b));    FIN(13) = A_BEN;              // [m2] Tragflügelflaeche benetzt (radial)
  A_PRJ   = d*a;                                   FIN(14) = A_PRJ;               // [m2] Tragflügelflaeche pro, projiziert (axial)
  PsX     = ( (2*t^2)-(2*b*t)-(b^2))/(3*(t+b));   FIN(15) = PsX;   // [m] x-Druckmittelpunkt auf Tragflügelflaeche (radial)Null=x0
  PsY     = (a*(t+2*b))/(3*(t+b));          FIN(16) = PsY;   // [m] y-Druckmittelpunkt auf Tragflügelflaeche (radial)Null=y0
// Deklaration Strömungswirklichkeit bei StandardProfilKontur
  alfa_Stall = 8.0;                            FIN(17) = alfa_Stall;          // [°]  Winkel scheinbar. Anströmrichtung v-unendlich; Null = Voraus
  vrue     = vv;                               FIN(18) = vrue;               // [ms-2] v-unendlich resultieren geg. Profilseele
  vxue     = vrue*cos(alfa_Stall);      FIN(19) = vxue;              // [ms-2] v-unendlich x-Komponente.
  vyue     = vrue*sin(alfa_Stall);       FIN(20) = vyue;              // [ms-2] v-unendlich y-Komponente.
// Deklaration Koeffizienten
  c_LIFT    = CL;                             FIN(21) = c_LIFT;             // = 0.58;   [-] setting Lift-Koeffi (NACA0006)
  c_DRAG   = CW;                          FIN(22) = c_DRAG;          // = 0.0533; / [-] setting Form-Koeffi (NACA0006) ........
  c_FRIC   = 0.074 * RE^(-0.2);       FIN(23) = c_FRIC;            // [-] setting Reibungs-Koeffi (NACA0006) ........
  c_INDU    = (c_LIFT^2)/(AspR*pi);  FIN(24) = c_INDU;           // [-] setting induziert-Koeffi (NACA0006) ........nok späterändern
  vortty    = c_LIFT * vrue*b;          FIN(25) = vortty;             // [m2s-1] Zirkulation am Fluegel-Tip
// StrömungsKraefte
  K_LIFT    = c_LIFT * 0.5 * dens * A_LAT * vrue^2;       FIN(26)= K_LIFT;        // [N] Liftkraft
  K_DRAG   = c_DRAG * 0.5 * dens * A_PRJ * vrue^2;     FIN(27)= K_DRAG;      // [N] Form-Wi-Kraft
  K_FRIC   = c_FRIC * 0.5 * dens * A_BEN * vrue^2;      FIN(28)= K_FRIC;       // [N] Reib-Wi-Kraft
  K_INDU    = c_INDU * 0.5 * dens * A_LAT * vrue^2;      FIN(29)= K_INDU;       // [N] induzierte Wi-Kraft
  K_SUMM   = K_DRAG + K_FRIC + K_INDU;                   FIN(30)= K_SUMM;      // [N] totale Wi-Kraft
  K_RES    = ( (K_LIFT^2)+(K_SUMM^2) )^.5;                  FIN(31)= K_RES;   // [N] resultierende ManoevorierKraft
  gama_Kres  = atan(K_LIFT/K_SUMM);                          FIN(32)= gama_Kres;        // [°] Kraftrichtung(Manoever); Null = achteraus
  gama_Kres_Grd = gama_Kres*180/pi;                         FIN(32)= gama_Kres_Grd;   // [°] Kraftrichtung(Manoever); Null = achteraus
// StrömungsLeistungen
  P_LIFT    = c_LIFT * 0.5 * dens * A_LAT * vrue^3;       FIN(33)= P_LIFT;                // [N] LiftLeistung
  P_DRAG   = c_DRAG * 0.5 * dens * A_PRJ * vrue^3;     FIN(34)= P_DRAG;             // [N] Form-Wi-Leistung
  P_FRIC   = c_FRIC * 0.5 * dens * A_BEN * vrue^3;      FIN(35)= P_FRIC;              // [N] Reib-Wi-Leistung
  P_INDU    = c_INDU * 0.5 * dens * A_LAT * vrue^3;      FIN(36)= P_INDU;             // [N] induzierte Wi-Leistung
  P_SUMM   = P_DRAG + P_FRIC + P_INDU;                   FIN(37)= P_SUMM;            // [N] totale Wi-Leistung
  P_RES    = ((P_LIFT^2)+(P_SUMM^2))^.5;                     FIN(38)= P_RES;                // [N] resultierende ManoevorierLeistung
  gama_Pres  = atan(P_LIFT/P_SUMM);                           FIN(39)= gama_Pres;           // [rad] Leistungsrichtung(Manoever); Null = achteraus
  gama_Pres_Grd = gama_Pres*180/pi;                          FIN(39)= gama_Pres_Grd;     // [°] Leistungsrichtung(Manoever); Null = achteraus
  putpath_FINDATA= 'F:\Desktop\MID\MID0_Workbench\LABFinDATA\LABFin_113.txt';       // Path: get DATA
  fprintfMat(putpath_FINDATA,FIN);                            // ... als FIN-Datei ablegen.
  test= DONE;
endfunction;
```

Berechnungsergebnisse für eine Laborfinne
LABFin[t,mm],[d/t,%],[a/t,%],[b/t,%],[Profil],[Feature 1],..,[Feature n]

Mittelschnittverfahren

Analysedaten für eine Laborfinne mit dem Programm LABFin (V1.1.)				
Berechnungs- und Messdaten			LABFin[100][6][120][60][NACA0006]	
INDEX	Wert	Dim	Beschreibung	inProgm.
1	0.100000	[m]	t Standard-Profil-Konturtiefe Wurzel (setting)	t
2	0.120000	[-]	a Tragflügellänge (setting)	a
3	0.060000	[-]	b Profil-Konturtiefe Tip (setting)	b
4	0.006000	[m]	D Profil-Dicke Wurzel (NACA-Spezifikation)	d
5	0.583000	[-]	CL Liftbeiwert aus Analyse NACA	CL
6	0.053290	[-]	CW Widerstandsbeiwert aus Analyse NACA	CW
7	8.000000	[°]	Stallwinkel aus Analyse NACA	aS
8	5.000000	[m s-1]	Basis-Geschwindigkeit (Vunendlich)	vv
9	1000000.000000	[-]	RE, Reynoldszahl	RE
0	18.434947	[°]	Pfeilungswinkel Tragflügel (bugseitig)	beta_b
1	1.500000	[-]	Schlankheitsgrad Tragflügel (Aspect Ratio)	AspR
2	0.009600	[m2]	Tragflügelflaeche lateral (radial)	A_LAT
3	0.019200	[m2]	Tragflügelflaeche benetzt (radial)	A_BEN
4	0.000720	[m2]	Tragflügelflaeche projeziert (axial)	A_PRJ
5	0.009167	[m]	x-Druckmittelpunkt auf Tragflügel (radial)Null=x0	PsX
6	0.055000	[m]	y-Druckmittelpunkt auf Tragflügel (radial)Null=y0	PsY
7	8.000000	[°]	Winkel der Anströmrichtung, Stallwinkel	aS
8	5.000000	[ms-1]	v-unendlich resultieren geg. Profilseele	vreu
9	-0.727500	[ms-1]	v-unendlich x-Komponente.	vxue
0	4.946791	[ms-1]	v-unendlich y-Komponente.	vyue
1	0.583000	[-]	Lift-Koeffi (aus Analyse NACA)	c_LIFT
2	0.053290	[-]	Form-Koeffi (aus Analyse NACA)	c_DRAG
3	0.004669	[-]	Reibungs-Koeffi (NACA)	c_FRIC
4	0.072127	[-]	induziert-wi-Koeffi (NACA)	c_INDU
5	0.174900	[m2s-1]	Zirkulation am Fluegel-Tip	vortty
6	69.820080	[N]	**Liftkraft**	K_LIFT
7	0.478651	[N]	Form-Wi-Kraft	K_DRAG
8	1.118339	[N]	Reib-Wi-Kraft	K_FRIC
9	8.637891	[N]	induzierte Wi-Kraft	K_INDU
0	10.234881	[N]	**totale Wi-Kraft**	K_SUMM
1	70.566255	**[N]**	**resultierende ManoeverierKraft**	**K_RES**
2	81.660436	[°]	Kraftrichtung(Manoever); Null = achteraus	gama_Kres
3	349.100400	**[W]**	**LiftLeistung**	**P_LIFT**
4	2.393254	[W]	Form-Wi-Leistung	P_DRAG
5	5.591695	[W]	Reib-Wi-Leistung	P_FRIC
6	43.189455	[W]	induzierte Wi-Leistung	P_INDU
7	51.174404	[W]	**totale Widerstands-Leistung**	**P_SUMM**
8	352.831275	**[W]**	**resultierende ManoeverierLeistung**	**P_RES**
9	81.660436	[°]	Leistungsrichtung(Manoever); Null = achteraus	gama_Pres

Hinweise zum Traglinienverfahren

Für die strömungsmechanischen Analysen verwende ich das System FS-Flow[6], JavaFoil[7] und andere Programmsysteme, für Implementationen SCILab[8].
Die relevanten Profilkonturen liegen als in Listen geordnete Koordinatenpunkte $P_K = P(x_K, y_K)$ vor. Hinweise zur Nomenklatur:

Geometrie

xd/t	[%]	Dickenrücklage der Profilkontur
$t(z)$	[m]	$t = t(z)$ über die horizontale Koordinate z
x	[m]	x- Koordinate der Punkte $P_K(x_K, y_K, x_K)$ auf der Kontur
y	[m]	y- Koordinate
z	[m]	z- Koordinate / horizont. Koordinate Flügelwurzel Tip
dx, dy, dz	[m]	differentielle Koordinaten
$\Delta x, \Delta y, \Delta z$	[m]	
$\underline{x}$	[-]	$\underline{x} = (x/t)$ generalisierte Koordinate x, Profiltiefe t
$\underline{y}$	[-]	$\underline{y} = (y/t)$ generalisierte Koordinate y
ΔA	[m^2]	$\Delta A = (\Delta z \cdot \Delta x)$
ΔF	[m^2]	$\Delta F = t \cdot \Delta z$ differentielles Kontur-Flächensegment

Beiwerte und Koeffizienten

c_L	[-]	Lift-koeffizient (Auftrieb, Querkraft)
c_P	[-]	$c_P = c_P(x_K, y_K)$ Druckgradient (Profilkontur)
c_W	[-]	Widerstandsbeiwert

Geschwindigkeiten und Kräfte

$v(x)$	[ms^{-1}]	lokale (konturnahe) Geschwindigkeit.
V, v_∞	[ms^{-1}]	globale (System-) Geschwindigkeit.
(v/V)	[-]	spezifische Geschwindigkeit, lokal und konturnah
L	[N]	$L = c_L \cdot F \cdot v^2 \cdot \rho / 2$ Auftrieb, Querkraft, Lift
K	[N]	$\underline{K}$ aus $q(x) = \underline{K}\,\Delta x$ Kraft auf Flächensegment $\Delta A = (\Delta z \cdot \Delta x)$
ΔL	[N]	$\Delta L = k \cdot dz = c_L \cdot t\,\Delta z \cdot v^2 \cdot \rho/2$; Lift auf Segment, Breite Δz
$q(x)$	[Nm^{-1}]	Streckenlast an der Profilkontur $P_K(x_K, y_K)$
k	[Nm^{-1}]	$k = k(z) = \Delta L / \Delta z$; integrale Streckenlast auf Profilsektion

Stoff

ρ	[kgm^{-3}]	Dichte
ν	[m^{2}s^{-1}]	Transportkoeffizient: kinematische Viskosität

---

[6] FS-Flow ist ein kommerzielles Programmsystem der Firma FutureShip GmbH / Germanischer Lloyd, DNV-GL das nach dem PANEL-Verfahren arbeitet. https://www.dnvgl.de
[7] JavaFoil ist ein frei verfügbarer Potentiallöser von Dr. M. Hepperle der in erster Linie für aerodynamische Fragestellungen aus dem Programmsystem CalcFoil entwickelt wurde. http://www.mh-aerotools.de/airfoils/javafoil.htm
[8] Scilab ist ein eine umfangreiche, leistungsfähige Software für Anwendungen aus der numerischen Mathematik, das ehemals am Institut national de recherche en informatique et en automatique (INRIA) seit 1990 als Alternative zu MATLAB entwickelt wurde.

Ein Ergebnis der potentialtheoretischen Analyse ist die Geschwindigkeitsverteilung $(v/V)_{x,y}$ und damit der Druckgradient $c_P=c_P(x,y)$ über die Profilkonturen (x_K,y_K) eines Tragflügels. Aus der Druck-integration wird einerseits der dimensionslose Auftriebskoeffizient c_L und unter Hinzunahme eines Reibungs-Modells der Widerstandsbeiwert c_W der Profilkontur ermittelt. Der Auftriebsbeiwert und der Widerstandsbeiwert sind als Integralgrößen über eine Profilkontur anzusehen.

Eine Streckenlast q ist in der technischen Mechanik eine bereichswese über x definierte Belastung mit der Einheit [N/m] und wird für eine lokale Kraft $\underline{K}$ mit $q(x) = \underline{F} \, \Delta x$ angesetzt. In SI-Einheiten besitzt die Streckenlast q die Einheit $[\text{m·Pa}]^9$. Ein über eine Kontur verteilter Druck p, der in unserer Betrachtung als ortsabhängiger Gradient p(x) in [Pa] auftaucht und der gerade als eine lokale Kraft K über einen Flächenabschnitt $\Delta A=(\Delta z·\Delta x)$ angesehen wird, offenbart eine Beziehung zu der Streckenlast q wie folgt:

$$\text{mit } q(x) = K \, \Delta x \; [\text{m·Pa}] \quad \text{und} \quad p(x) = K / \Delta A = F / (\Delta z \cdot \Delta x) \qquad [\text{Pa}]$$
$$\text{folgt } p(x) = q(x)/\Delta z \qquad [\text{Pa}]$$

Der lokale Druck p(x) auf der Kontur an der Stelle x wird relativ und auf den atmosphärischen Normruck[10] p_0 bezogen angegeben. Für den lokalen Druckkoeffizienten c_p gilt dann folgende Beziehung[11]:

$$c_p = 2 \, (p(x) - p_0) / (\rho \cdot V^2) \qquad [\text{-}]$$

Normdruck $p_0 = 101\,325\,[\text{Pa}] = 101{,}325\,[\text{kPa}] = 1\,013{,}25\,[\text{hPa}] = 1\,013{,}25\,[\text{mbar}]$
Normzustand bei $T= 273{,}15\,[°K]$ bzw. $T=0\,[°C]$ entsprechend DIN 1343.

$$(p(x) - p_0) = 0.5 \cdot c_p \cdot \rho \cdot V^2 \quad [\text{kg m}^{-3}\text{·m}^2\text{s}^{-2}], [\text{Nm}^{-2}], [\text{Pa}]$$

Der Druckkoeffizient c_p besitzt einen Gradienten über die Kontur $c_p(x)$ und wird mit der aus der klassischen Strömungsmechanik bekannten Form aus der lokalen, spezifischen Geschwindigkeit bestimmt. Hierbei wird die Bernoulli-Gleichung dazu benutzt, den Druck aus den Geschwindigkeitskomponenten zu ermitteln.

$$\text{Bernoulli} \quad p_0 + \tfrac{1}{2} \, \rho_\infty \, V^2 = p + \tfrac{1}{2} \, \rho_\infty \, v(x)^2 \qquad [\text{Pa}]$$

Für inkompressible Strömungen $(\rho_=\rho_\infty)$ liefert das den lokalen Druckkoeffizienten $c_p(x)=p(x)/p_0$ aus einer Beziehung über die Systemgeschwindigkeit $V=v_\infty$.

$$c_p(x) = 1 - (v(x)/v_\infty)^2 \qquad [\text{-}]$$

Die lokale, konturnahe Geschwindigkeit v(x), bzw. die auf die Systemgeschwindigkeit $V=v_\infty$ bezogene spezifische Geschwindigkeit (v(x)/V)

---

[9] ISO-Einheiten. $1\,\text{kg·m}^{-1}\text{·s}^{-2} = 1\,\text{Pa} = 1\,\text{N m}^{-2}$, z.B.: Megapascal (10 bar = 1 MPa = 1 Million Pa = $1\,\text{N/mm}^2$)

[10] Mit dem Normdruck p_0 101 325 [Pa] = 101,325 [kPa] = 1 013,25 [hPa] = 1 013,25 [mbar]. Im atmosphärischen Normzustand bei T= 273,15 [K] bzw. T=0 [°C] entsprechend DIN 1343.
Wasser im Normzustand bei T= 20 °C: Dichte $\rho = 0{,}998203\,\text{g·cm}^{-3}$ $\rho = 998{,}2\,\text{kg·m}^{-3}$

[11] Katz, J., Plotkin, A. (2001) Low-Speed Aerodynamics, Cambridge University Press. ISBN 13 978-0-521-66219-2.

und somit der lokale Druckkoeffizient $c_p(x)$ ist ein signifikantes Ergebnis der potentialtheoretischen Berechnung und steht nun für die Druckintegration über eine Kontur zur Verfügung.

$$(p(x) - p_0) = 0.5 \cdot c_p \cdot \rho \cdot V^2$$
$$(p(x) - p_0) = 0.5 \cdot (1- (v(x)/V)^2) \cdot \rho \cdot V^2 \qquad [Pa]$$

In der Regel kann der potentialtheoretischen Berechnung ein dimensionsloser Auftriebsbeiwert c_L (Lift-Koeffizient) entnommen werden, was den Berechnungsgang auf Kosten einer differenzierten Betrachtung der Auftriebsverteilung über die Profilkontur erleichtert. Aus der einschlägigen Literatur ist die aus integralen Größen zu ermittelnde Kraft:

Auftrieb, Querkraft, Lift $\qquad$ **$L = c_L \cdot F \cdot v^2 \cdot \rho/2$** $\qquad\qquad$ [N]

Das sektorale Flächensegment ΔF der Breite Δz das sich aus der abschnittsweisen Betrachtung der Gesamtfläche F des Tragflügels, also dem so genannten Kontur-Flächensegment ergibt:

Tragflächen-Segment (Wing-Section) $\Delta F = t \cdot \Delta z$ $\qquad\qquad$ $[m^2]$

Im Besitz des dimensionslosen Auftriebsbeiwertes c_L für ein Kontur-Flächensegment (Wing-Section) ist die nunmehr sektorale Auftriebskraft ΔL der Profilkontur, also der sektorale Lift ΔL für ein Flächensegment $\Delta F = t \cdot \Delta z$ leicht zu ermitteln.

Der sektorale Lift $\qquad\qquad$ $\Delta L = c_L \cdot t \cdot \Delta z \cdot v^2 \cdot \rho/2 = k \cdot \Delta z$ $\qquad$ [N]

Mit der hier eingeführte Vereinfachung $\Delta L = k \cdot \Delta z$ ist die sektorale, über die vertikal variable Flügeltiefe $t=t(z)$ definierte Traglinienkraft k in Abhängigkeit von der vertikalen Koordinate z, also $k=k(z)$ gegeben als:

Traglinienkraft $\qquad\qquad$ **$k(z) = c_L \cdot t(z) \cdot v^2 \cdot \rho/2$** $\qquad\qquad$ $[N\,m^{-1}]$

Für die Ermittlung der - für einen Kontursektor der Breite Δz (an der Stelle z_K) konstanten - Traglinienkraft k sind also Kenntnisse über die (ebene, lokale) Anströmgeschwindigkeit $v = v(\alpha)$ und dem integralen Liftkoeffizienten c_L, der zu dem jeweiligen Tragflügelprofil an der Stelle z_K gehört. Der Liftkoeffizient c_L und der Widerstandskoeffizient c_W entstammen Datensammlungen oder den über die Software ermittelten Polaren $c_L=c_L(\alpha)$ und $c_W=c_W(\alpha)$ die für Messreihen über den Anströmwinkel α geordnet vorliegen.

Bibliographie und weiterführende Literatur

[Abbo-59]   Ira H. Abbott, Albert E. von Doenhoff: Theory of Wing Sections:
             Including a Summary of Airfoil Data.
             Dover Publications, New York 1959.

[BaNe-98]   Barthlott, W.; Neinhuis, C.: Lotusblumen und Autolacke –
             Ultrastruktur pflanzlicher Grenzflächen und biomimetische
             unverschmutzbare Werkstoffe. Biona Report 12, Schriftenreihe
             der Wissenschaften und der Literatur, Mainz. Gustav Fischer-
             Verlag, Stuttgart 1998.

[Bann-02]   Bannasch, Rudolph. Vorbild Natur. In: design report 9/02, S.20ff.
             Blue. C Verlag Stuttgart: 2002.

[Bapp-99]   Bappert, R. Bionik, Zukunftstechnik lernt von der Natur.
             SiemensForum München/Berlin und Landesmuseum für Technik
             und Arbeit in Mannheim (Herausgeber): 1999

[Bech-93]   Bechert, D.W.: Verminderung des Strömungswiderstandes durch
             bionische Oberflächen. In: VDI-Technologieanalyse Bionik, S. 74 –
             77. VDI-Technologiezentrum Düsseldorf 1993.

[Bech-97]   Bechert, D.W., Biological Surfaces and their Technological
             Application. 28th AIAA Fluid Dynamics Conference: 1997

[Cal-84]   Calder, W.A. (1984) Size, Function and Life History. Harvard
             University Press. Cambridge 431pp.

[Die13-3]   Dienst, Mi.(2013) Reihenuntersuchung zu Profilkonturen für Leit-
             und Steuerflächen von Seefahrzeugen. Datenreihe ERpL2050.
             GRIN-Verlag GmbH München, ISBN 978-3-656-47215-5

[Die11-4]   Dienst, Mi.(2011) Methoden in der Bionik. Die Reynoldsbasierte
             Fluidische Fitness. GRIN-Verlag GmbH München.

[Die09-4]   Dienst, Mi.(2009) Physical Modelling driven Bionics. GRIN-Verlag
             München.

[DUB-95]   Dubbel, Handbuch des Maschinenbaus, Springer Verlag Berlin,
             15.Auflage 1995.

[Eppl-90]   Richard Eppler: Airfoil Design and Data. Springer, Berlin, New York
             1990.

[Fli-02]   Flindt, R. (2002) Biologie in Zahlen Berlin: Spektrum Akademischer
             Verl.

[Fren-94]   French, M.: Invention and Evolution: design in nature and
             engineering. Cambridge University Press. Cambridge 1994.

[Fren-99]   French, M.: Conceptual Design for Engineers. Berlin, Heidelberg,
             New York, London, Paris, Tokio: Springer: 1999

[Gel-10]   Produktinformation, 05 2010, GELITA 69412 Eberbach.
             www.gelita.com

[Guen-98]   Günther, B., Morgado, E. (1998) Dimensional analysis and
             allometric equations concerning Cope's rule. Revista Chilena de
             Historia Natural 71: 331-335, 1989

[Gör-75]   Görtler, H. Diemensionsanalyse. Berlin Springer 1975

[Gorr-17]   Edgar Gorrell, S. Martin: Aerofoils and Aerofoil Structural
             Combinations. In: NACA Technical Report. Nr. 18, 1917.

[Guen-66]   Günther, B., Leon, B. (1966) Theorie of biological Similarities,
             nondimensional Parameters and invariant Numbers. Bulletin of
             Mathematical Biophysics Volume 28, 1966.

[Gutm-89]   Gutmann, W.: Die Evolution hydraulischer Konstruktionen. Verlag
             W. Kramer: Frankfurt am Main, 1989.

[Hüt-07]   Hütte, 2007, 33. Auflage, Springer Verlag. S.E147

[Hux-32]   Huxley, J.S. (1932) Problems of relative Growth. London: Methuen.

[Katz-01]   Joseph Katz, Allen Plotkin: Low-Speed Aerodynamics (Cambridge
             Aerospace Series) Cambridge University Press; 2 edition (2001)

[Liao-03]   Liao, J.C.; Beal, D.; Lauder, G.; Triantayllou, M. Fish Exploting
             Vortices Decrease Muscle Activty. In: Science 2003, S. 1566-1569.
             AAAS. 2003.

[Matt-97]   Mattheck, C.: Design in der Natur. Rombach Verlag. Freiburg
             1997.

[Mial-05]   B. Mialon, M. Hepperle: "Flying Wing Aerodynamics Studies at
                   ONERA and DLR", CEAS/KATnet Conference on Key
             Aerodynamic Technologies, 20.-22. Juni 2005, Bremen.

[Nac-01]   Nachtigall, W. (2001) Biomechanik. Braunschweig: Vieweg Verlag.

[Nach-98]   Nachtigall, W. : Bionik – Grundlagen und Beispiele für Ingenieure
             und Naturwissenschaftler. Springer-Verlag, Berlin-Heidelberg-New
             York 1998.

[Nach-00]   Nachtigall, Werner; Blüchel, Kurt. Das große Buch der Bionik.
             Stuttgart: Deutsche Verlags Anstalt: 2000.

[PaBe-93]   Pahl. G.; Beitz, W.: Konstruktionslehre, 3.Auflage. Berlin-
             Heidelberg-New York-London-Paris-Tokio: Springer 1993

[Pflu-96]   Pflumm, W. (1996) Biologie der Säugetiere. Berlin: Blackwell
             Wissenschaftsverlag.

[Rech-94]   Rechenberg, Ingo. Evolutionsstrategie'94. Frommann-Holzoog
             Verlag. Stuttgart: 1994.

[Schü-02]   Schütt, P., Schuck, H-J., Stimm, B. (2002) Lexikon der Baum- und
             Straucharten. Nikol, Hamburg, ISBN 3-933203-53-8

[Tho-59]   Thompson, D'Arcy, W. (1959) On Growth and Form. London:
             Cambridge University Press. (Neuauflage der Originalschrift 1907)
[Tho-92]   Thompson, D W., (1992). *On Growth and Form*. Dover reprint of
             1942 2nd ed. (1st ed., 1917). ISBN 0-486-67135-6
[Tria-95]   Triantafyllou, M.: Effizienter Flossenantrieb für Schwimmroboter.
             In: Spektrum der Wissenschaft 08-1995, S. 66–73. Spektrum der
             Wissenschaft- Verlagsgesellschaft mbH, Heidelberg 1995.
[Zie - 72]   Zierep, J. (1972) Ähnlichkeitsgesetze und Modellregeln der
             Strömungslehre.
[W-1]   http://de.wikipedia.org/wiki/Profil (abgerufen 04042016)
[W-2]   The Airfoil Investigation Database,
             http://www.worldofkrauss.com/foils/578 (abgerufen 04042016)
[W-3]   UIUC Airfoil Coordinates Database, (abgerufen 04042016)
             http://www.ae.illinois.edu/m-selig/ads/coord_database.html

BEI GRIN MACHT SICH IHR WISSEN BEZAHLT

- Wir veröffentlichen Ihre Hausarbeit, Bachelor- und Masterarbeit

- Ihr eigenes eBook und Buch - weltweit in allen wichtigen Shops

- Verdienen Sie an jedem Verkauf

Jetzt bei www.GRIN.com hochladen und kostenlos publizieren